魔法巧克力
創意新菜單

Meiji Co., Ltd.
株式会社 明治 — 監修

瑞昇文化

前言

Chocolate is wonderful !!!

自1926年明治牛奶巧克力販售以來，快要90年了－－－－
作為生活中各種場景的基本食材，無論是零食、安全口糧
或是手工蛋糕的材料，巧克力都扮演了不可或缺的角色。

近年來在電視、報章雜誌中蔚為風潮的話題，
是巧克力中含有的多酚功效。
多酚是植物為了保護自己，
而在體內產生的成分。
巧克力的原料可可豆，
就含有豐沛的多酚。

除了可可多酚外，
巧克力還含有鈣、鎂、鐵和鋅，
是非常神奇的食物。

本書的主題是「加了巧克力，讓菜色更健康、更美味」
——增加濃郁感，添加風味是當然的，
還能代替香料，作為調味料使用。
隨著食譜的開發，
大家也發現了巧克力是萬能的食材。

無論中西日式料理、早中晚餐，
亦或是主食副菜湯品沙拉，都用得上！

～巧克力，讓大家的餐桌更加美味、更加增色～

魔法巧克力創意新菜單

CONTENTS

2 前言

6 本書使用方法

巧克力 讓菜色更fashion ♪

7 簡易Daily食譜

主菜

8 燉牛肉

10 薑燒豬肉

12 番茄燉雞肉

14 芝麻鯖魚味噌

16 青甘魚燉蘿蔔

18 奶油鮭魚

飯&麵

20 義大利麵

22 正統！香辣日式咖哩

24 滑溜蛋包飯

26 炒烏龍麵

下酒菜

28 炸醬豆腐

30 酥炸小肉丸

32 月見肉餅

34 豬肉泡菜

沙拉

36 奶香南瓜熱沙拉

38 巧克力芥末醬沙拉三明治

40 溫和野菜佐巧克力起司沾醬

42 棒棒雞沙拉

湯品

44 玉米濃湯

46 蛤蜊巧達濃湯

48 雞肉丸番茄湯

50 油豆腐菠菜味噌湯

甜點

52 紅豆奶油起司可可銅鑼燒

54 巧克力香蕉大福

56 巧克力飲料DRINK

- 蔬果汁MIX
- 優酪乳MIX
- 奶茶MIX

58

餐飲界達人的巧克力風味食譜

片岡 護 主廚監修

60 起司義式燉飯　巧克力風味
62 巧克力風味新鮮沙拉
63 炸牛蒡佐巧克力醬

神保 佳永 總料理長監修

64 時蔬佐熱巧克力沾醬
66 橄欖油拌菠菜佐白巧克力芝麻味噌
67 翠綠沙拉佐72%可可醬

菰田 欣也 總料理長監修

68 86%可可風味叉燒炒飯
70 夏季的回鍋肉
苦瓜牛奶巧克力協奏曲
71 白巧克力飄香涼麵

下村 邦和 主廚監修

72 元氣巧克力醬汁炒麵
74 炸雞佐辛辣巧克力醬汁
75 巧克力味噌佐時蔬

笹島 保弘 主廚監修

76 巧克力紅酒燉牛肉蔬菜
78 什錦菇奶油培根巧克力義大利麵
79 巧克力焗烤蕪菁鑲蝦肉

木下 威征 總料理長監修

80 牛奶巧克力＆義大利肉醬拌茄子
82 烤雞佐白巧克力風味鮮菇白醬
83 86%可可效果巧克力漢堡排醬

坂田 幹靖 主廚監修

84 白巧克力可樂餅
85 煎雞肉佐牛蒡巧克力風味醬汁
附胡蘿蔔沙拉

資深野菜侍酒師
KAORU監修

86 牛蒡番茄波隆那肉醬麵
87 巧克力蔬菜三明治佐酪梨醬

野菜果物美容顧問
篠原繪里佳監修

88 洋蔥滿點！豬里肌肉
89 糖醋時蔬魚肉

90 明治巧克力的歷史
92 巧克力小知識
94 使用巧克力INDEX

A 材料

使用材料。計量單位：1杯＝200cc、1大匙＝15cc、1小匙＝5cc。

C 料理時間

料理的參考時間，請有效率的來做菜吧！這裡省略了事前準備的時間。

B 作法

料理順序。微波爐使用500W。若是600W的微波爐，加熱時間為0.8倍。料理時都要視情形來調整。

D 巧克力POINT

介紹加了巧克力後的效果、讓餐點更美味的祕訣，以及作法的重點。

開始料理前

洋蔥、胡蘿蔔等基本上要去皮後再料理的蔬菜，書中省去了說明要去皮的流程。
料理完成後，請盡早享用。

巧克力讓菜色
更fashion♪
簡易
Daily
食譜
燉牛肉、味噌鯖魚、義大利麵、
豬肉泡菜、雞肉沙拉，就連味噌湯都可以
加入巧克力！
平日的餐桌，靠巧克力變身為華麗菜色。
meiji

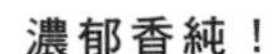

主菜

燉煮肉類不用說，還可加在魚類料理的
鯖魚味噌、青甘魚燉蘿蔔、奶香鮭魚中。

巧克力＋紅酒＝餐廳級美味

燉牛肉

材料　（4人份）

明治 95%可可效果巧克力 … 20g
牛腱 … 400g
胡蘿蔔 … 1根
馬鈴薯 … 2個
洋蔥 … 1/2個
紅酒 … 100cc
蒜頭 … 1瓣
月桂葉 … 1片
中濃醬（日式炒麵醬）… 2大匙
番茄醬 … 4大匙
高湯粉（顆粒）… 1/2大匙
牛肉燴醬 … 1罐
鹽、黑胡椒、低筋麵粉 … 各適量
沙拉油 … 1大匙

作法

1. 馬鈴薯切4等分、洋蔥切半後再切成8等分的半月型、胡蘿蔔切成3cm長條，再橫切成4～8等分後，將邊角修圓一點。蒜頭切半後去芽拍碎。牛肉切成適當大小，撒上鹽、黑胡椒、低筋麵粉。
2. 將沙拉油、蒜頭放入鍋中爆香。等①的牛肉表面變色後再翻面炒到兩面都變色。
3. 取出蒜頭，加入紅酒煮開後，加入蔬菜、3杯水（分量外）、月桂葉、高湯粉，蓋上鍋蓋，略留空隙，以小火煮20分鐘。
4. 加入牛肉燴醬再燉煮30分鐘。放入中濃醬、番茄醬、**95%可可效果巧克力**，不蓋鍋蓋，以大火煮至呈濃稠狀。起鍋前加鹽調味。

95%可可效果巧克力讓燉牛肉更加濃郁香醇，可品嚐到更深入的風味。燉牛肉使用的不是牛腱也沒關係。燉煮時為了避免燒焦，要經常攪拌。尤其鍋蓋拿掉後更容易焦掉，請特別注意！

軟嫩滑順，醇厚鮮甜

薑燒豬肉

材料 （4人份）

明治 牛奶巧克力 … 15g
豬肉片 … 350g
洋蔥 … 1/2個
A
醬油 … 3大匙
味醂 … 4小匙
酒 … 2大匙
薑泥 … 1大匙
低筋麵粉 … 1又1/2大匙
沙拉油 … 1大匙
鹽、胡椒 … 各適量

作法

1. 洋蔥切薄片。材料A混合拌勻。將豬肉與鹽、胡椒、低筋麵粉均勻混合備用。
2. 平底鍋內加入沙拉油，熱油後拌炒豬肉，等變色後放入洋蔥，快速拌炒。
3. 將調和後的材料A及牛奶巧克力炒至全部均勻混和，搭配喜歡的青菜後盛盤。

巧克力 POINT

加入**牛奶巧克力**，煮汁會更容易附著在肉上，讓薑燒豬肉十分甘醇鮮甜。還可淋在白飯上，搭配美乃滋成為蓋飯，也非常美味。

番茄燉雞肉

材料 （4人份）

明治 86%可可效果巧克力 … 15g
雞腿肉 … 2片
洋蔥（剁碎） … 1/2個
芹菜（剁碎） … 1/2根
胡蘿蔔（剁碎） … 1片
番茄罐頭（切塊） … 1罐
高湯塊 … 1又1/2個
白酒 … 50cc
砂糖 … 2撮
番茄醬 … 3大匙
橄欖油 … 1大匙及2小匙
月桂葉 … 1片
鹽、黑胡椒、低筋麵粉 … 各適量
荷蘭芹 … 適量

作法

1. 每片雞肉切成6等分，兩面都撒上鹽、黑胡椒，均勻裹上低筋麵粉。
2. 鍋內放入橄欖油2小匙及胡蘿蔔，以小火炒出香味後加入洋蔥、芹菜，加入1撮鹽，炒至變軟。
3. 平底鍋內加入橄欖油1大匙，熱油後將雞肉炒至兩面略變色，加入白酒再度煮滾。
4. 在步驟②的鍋內加入步驟③以及番茄罐頭、高湯、水100cc、月桂葉，以較弱的中火燉煮約35分鐘，途中需不時輕輕攪拌。
5. 加入切碎的**86%可可效果巧克力**、番茄醬、砂糖、鹽以及黑胡椒調味後盛盤。最後以荷蘭芹裝飾。

加入**86%可可效果巧克力**代替香料，就算在自家也做得出正統的風味。費時的燉煮是重點，能讓肉質柔軟，引出番茄自然的鮮美。

日式招牌菜×特濃牛奶巧克力的特別組合

芝麻鯖魚味噌

材料 （4人份）

明治 特濃牛奶巧克力 … 33g
鯖魚 … 4片
鹽 … 適量
研磨芝麻 … 3大匙
菜豆（先以鹽水煮過，切成易入口大小）… 6根

A
- 味噌 … 2大匙
- 醬油 … 1又1/2大匙
- 味醂 … 2大匙
- 酒 … 80cc
- 水 … 300cc
- 薑片 … 3片

作法

1. 鯖魚表皮劃十字，撒上鹽靜置5分鐘。鯖魚先以熱水汆燙後再浸泡冷水。去掉肉中的暗紅色部分（血合肉）後以廚房紙巾等仔細瀝乾水分。
2. 平底鍋內加入材料A和**特濃牛奶巧克力**煮滾，將鯖魚帶皮的部位朝上放入鍋內，蓋上鍋蓋以中火煮8分鐘。
3. 打開鍋蓋，將火轉大，以湯匙將湯汁澆淋在鯖魚上煮至呈黏稠狀。
4. 最後加上芝麻及以鹽水煮過的菜豆，即可盛盤。

加入**特濃牛奶巧克力**，讓料理更柔順好入口，並且提升味道的濃醇度。**特濃牛奶巧克力**與研磨芝麻非常搭。為了去除腥味，一定要事前先汆燙鯖魚。蓋子打開後很容易煮焦掉，請務必注意。

和風口味搭配巧克力的香甜

青甘魚燉蘿蔔

材料 （4人份）

明治 牛奶巧克力 … 15g
青甘魚 … 4片
白蘿蔔 … 1/2根
A
- 薑片 … 3片
- 醬油 … 3大匙
- 砂糖 … 1大匙
- 酒 … 3大匙
- 味醂 … 1又1/2大匙

米 … 1大匙
薑絲 … 適量

作法

1. 白蘿蔔去皮，切成1.5cm寬的半月型並劃數刀至蘿蔔中心，將外邊修圓。鍋內的水煮開後放入米和白蘿蔔，等沸騰後再煮15分鐘。

2. 取出白蘿蔔用水洗淨。鍋子也洗淨後將A及切碎的**牛奶巧克力**、白蘿蔔放入，煮至水滾後加入青甘魚，蓋上鍋蓋，以較弱的中火煮20分鐘。打開鍋蓋再以大火煮約5分鐘即大功告成，最後以薑絲裝飾。

加入**牛奶巧克力**，可以增加味醂和砂糖所沒有的香甜，也能讓外觀如同勾芡般的軟滑。可用東海鱸代替青甘魚，但要記得確實汆燙以去除腥味。

主菜

如同鮮奶油般的柔順口感

奶油鮭魚

材料 （4人份）

明治 白巧克力 … 8g
新鮮鮭魚 … 4片
蘆筍 … 4根
蘑菇 … 4個
牛奶 … 200cc
奶油 … 15g
醬油 … 2小匙
鹽、黑胡椒、
低筋麵粉 … 各適量

作法

1. 蘆筍從根部切除1cm後斜切成薄片，蘑菇切薄片。**白巧克力**切碎。
2. 鮭魚剖半撒上鹽、胡椒，均勻裹上低筋麵粉。平底鍋內加熱奶油，將鮭魚煎至兩面變色，再加入蘆筍、蘑菇快速拌炒。
3. 放入牛奶、醬油、巧克力，以小火燉煮。等到呈黏稠狀後以胡椒調味。

白巧克力與鮭魚十分搭配！就像加入鮮奶油般柔嫩滑順。將鮭魚裹上低筋麵粉，可讓醬汁濃稠，整體更入味。

香氣四溢的可可風味

GOHAN&MEN 飯&麵

巧克力×碳水化合物＝意外的黃金拍檔♪
無論是義大利麵或炒烏龍麵，都可享受到濃郁好滋味。

義大利麵

材料　（4人份）

明治 牛奶巧克力 … 27g
義大利麵 … 320g
小香腸 … 6根
洋蔥 … 1/2個
青椒 … 4個
番茄醬 … 8大匙
鹽、黑胡椒 … 各適量
沙拉油 … 1大匙
起司粉 … 適量

作法

1. 先煮義大利麵，時間比包裝上的標示再多1分鐘。
2. 小香腸斜切成7mm寬、洋蔥切薄片、青椒直剖去籽，切成5mm寬。**牛奶巧克力**切碎。
3. 平底鍋內加入沙拉油，熱油後將小香腸炒至略微變色，加入洋蔥、青椒拌炒至軟。
4. 煮好的義大利麵瀝乾水分加入步驟③拌炒，加入巧克力、番茄，全部拌勻。最後以鹽、胡椒調味，可依個人喜好撒上起司粉。

牛奶巧克力可降低番茄醬的酸味，使口感更滑順，是小孩子非常喜愛的味道。重點在於煮義大利麵的時間要比標示時間再久一點，軟一點更好吃。

光靠咖哩塊就能輕鬆做出時尚咖啡廳的午餐

正統！香辣日式咖哩

材料　（4人份）

明治 95%可可效果巧克力 … 15g
混合絞肉（牛豬混合） … 300g
番茄 … 1/2個
胡蘿蔔（切碎） … 1/2根
蒜頭（切碎） … 1瓣
洋蔥（切碎） … 1/2個
咖哩塊 … 70g
醬油 … 1/2～1小匙
沙拉油 … 2小匙
鹽、黑胡椒 … 各適量
荷包蛋 … 4顆
白飯 … 適量
荷蘭芹 … 依個人喜好

作法

1. 番茄切成1cm丁狀備用。
2. 平底鍋內加入沙拉油、蒜頭以小火炒出香味後，加入絞肉及鹽、胡椒拌炒，等肉變色後加入其他青菜。
3. 洋蔥變軟後加入水100cc、咖哩塊和略微切碎的**95%可可效果巧克力**。等巧克力與咖哩融合之後，加醬油調味，盛到飯上再擺上荷包蛋。可依個人喜好加入荷蘭芹裝飾。

加入**95%可可效果巧克力**後，就算不加香辛料也可輕鬆料理出正統日式咖哩。蒜頭很容易焦掉，所以要以小火炒出香味。

可可的苦味更加烘托出牛肉燴醬的美味

滑溜蛋包飯

材料 （4人份）

【雞肉飯】
明治 86%可可效果巧克力 … 5g
雞腿肉 … 200g
洋蔥 … 1/2顆
白飯 … 4碗
番茄醬 … 5～6大匙
沙拉油 … 2小匙
鹽、黑胡椒 … 各適量

【蛋包】（1人份）
蛋 … 2顆
沙拉油 … 2小匙
鹽 … 適量

【醬汁】
明治 86%可可效果巧克力 … 10g
杏鮑菇 … 2朵
鴻喜菇 … 1盒
番茄醬 … 6大匙
中濃醬 … 4大匙
牛奶 … 300cc
奶油 … 10g
荷蘭芹（切碎） … 適量

作法

1. 雞肉切1cm丁狀、洋蔥切薄片、杏鮑菇縱橫對切後切成5mm薄片。鴻喜菇去除根部、剝開，**86%可可效果巧克力**切碎備用。
2. 先做雞肉飯。平底鍋內加入沙拉油，熱油後放入雞肉炒至肉色改變，再放入洋蔥炒軟。放入白飯一邊翻攪一邊炒，再加入巧克力、番茄醬，最後以鹽、胡椒調味。
3. 將步驟②盛入碗中壓實後，再倒入盤內。
4. 接著做蛋包。將蛋打散加點鹽。平底鍋內加入沙拉油，熱油後將蛋汁一口氣倒進鍋內，以筷子攪拌煎至半熟。用鏟子蓋在步驟③上。
5. 最後做醬汁。平底鍋內加入除了奶油以外的所有材料，開火，煮滾後加上奶油，等融化後淋在步驟④的蛋上，最後撒上荷蘭芹即可。

飯如果冷了，要先微波後再使用。可可的香味和濃郁的燴醬讓人食指大動。為了讓巧克力均勻融在飯上，要將**86%可可效果巧克力**切的細碎一點。

醬油的芳香搭配黑巧克力的濃醇，風味絕佳

炒烏龍麵

材料 （4人份）

明治 黑巧克力 … 18g
烏龍麵 … 4包
豬五花肉 … 160g
市售綜合蔬菜包（高麗菜、洋蔥、胡蘿蔔等） … 160g
A［醬油、酒 … 各4大匙
　 味醂 … 2大匙
柴魚片 … 4包
紅薑 … 適量
沙拉油 … 2小匙

作法

1. 豬肉切成4cm寬、**黑巧克力**切碎備用。烏龍麵加入大量熱水煮熟，放在篩網上過濾雜質。
2. 平底鍋內加入沙拉油，熱油後放入豬肉炒至肉色改變，再加入蔬菜炒軟。
3. 加入烏龍麵拌炒，放入材料A、巧克力均勻混合。最後放入柴魚片，全部攪拌均勻後起鍋盛入盤中，以紅薑裝飾。

黑巧克力的甘苦與醬油的香味十分搭，讓人胃口大開。最後加上柴魚片，可讓整體的味道融合，更加美味。

＼ 用巧克力當調味料 ／

OTSUMAMI 下酒菜

用巧克力作下酒菜固然很棒，
但再多費點心思，更能賓主盡歡♪

味噌×可可＝甜麵醬的美味 

炸醬豆腐

材料 （2人份）

明治 72%可可效果巧克力 … 8g
豬絞肉 … 150g
嫩豆腐 … 1/2盒
竹筍（水煮、切碎） … 50g
香菇（切碎） … 1朵
蔥（切碎） … 5cm
薑（切碎） … 1片
蒜頭（切碎） … 1瓣

A
- 雞湯（水100cc＋雞湯粉1/2小匙） … 100cc
- 酒 … 1大匙
- 味醂 … 1又1/2大匙
- 醬油、砂糖 … 各2小匙
- 味噌 … 1又1/2～2大匙
- 太白粉 … 1/2大匙

芝麻油 … 1大匙
辣椒粉、烤蘆筍 … 各適量

作法

1. 豆腐用廚房紙巾包起，以500W微波爐加熱2分鐘，放涼後瀝乾水分，切成1cm厚大小。材料A混合**72%可可效果巧克力**備用。
2. 平底鍋內加入一點沙拉油（分量外），熱油後加入步驟①的豆腐煎至兩面略呈金黃。
3. 取出豆腐，平底鍋內加入芝麻油、蒜頭、薑，等炒香後加入豬肉。
4. 等豬肉顏色改變後加入竹筍、香菇拌炒，再倒入與蔥拌勻的材料A，等煮滾呈濃稠狀後淋在豆腐上。最後撒上辣椒粉，佐以蘆筍即可。

味噌與**72%可可效果巧克力**製成的甜麵醬是決定味道的重點。巧克力的香甜與可可的香醇跟味噌是絕配。訣竅是豆腐出的水要確實瀝乾，這就是美味的關鍵。

肉丸與醬汁都充分善用了巧克力

酥炸小肉丸

材料（8個份）

明治 牛奶巧克力 … 6g
混合絞肉 … 200g
洋蔥（切碎）… 1/4個
A［麵包粉 … 2大匙
　牛奶 … 1大匙
蛋 … 1/2顆
醬油 … 1又1/2小匙
中濃醬 … 1小匙
麵包粉 … 3/4杯
炸油 … 適量

【液體麵衣】
蛋 … 1/2顆
低筋麵粉 … 1大匙
水 … 1又1/2大匙

【巧克力美乃滋醬汁】
明治 95%可可效果巧克力 …8g
美乃滋、中濃醬 … 各2大匙
番茄醬 … 1/2大匙

作法

1. 將材料A的麵包粉浸人牛奶中，與**95%可可效果巧克力**各微波30秒後混合。液體麵衣與巧克力美乃滋醬汁各自拌勻備用。**牛奶巧克力**分成8等分。
2. 碗中放入絞肉、洋蔥、A、蛋、醬油、中濃醬，攪拌均勻後分成8等分，中心放入巧克力後捏成圓型。沾上液體麵衣後撒上麵包粉。
3. 以中火熱油的炸油內放入步驟②，炸約3分鐘至呈金黃色。確實瀝乾油後淋上巧克力美乃滋醬汁。

在肉丸內加入**牛奶巧克力**，可以去除肉的腥味。放進肉餡內時注意巧克力不要融化了。醬汁內加入的**95%可可效果巧克力**可以中和酸味，讓口感更滑順。

可可味十足的大人口感

月見肉餅

材料 （5個份）

明治 95%可可效果巧克力 … 5g
雞絞肉 … 250g
蔥（切碎） … 10cm
蛋黃 … 1個
蛋白 … 1個
麵包粉 … 3大匙
鹽 … 1/2小匙
黑胡椒 … 適量
A［味醂 … 4大匙
　 酒、醬油 … 各1大匙
沙拉油 … 1小匙
白芝麻 … 適量
紫蘇葉（切絲） … 4片

作法

1. 麵包粉浸入蛋白中。**95%可可效果巧克力**切碎，與材料A拌勻備用。
2. 碗中放入絞肉、蔥、麵包粉、鹽、胡椒，混合均勻至有黏性。
3. 平底鍋內加入沙拉油，熱油後放入分成5等分的步驟②，煎至肉餅的兩面肉色改變。
4. 加入材料A，煮至呈濃稠狀，均勻淋在肉餅上後盛盤，撒上白芝麻、紫蘇葉絲，沾著蛋黃吃。

苦味重的**95%可可效果巧克力**與柔軟的蛋讓味道更加深沉。蛋白可用在肉餅內餡上，做出嚼勁十足的好滋味。

牛奶巧克力讓苦椒醬的鮮味再現！

豬肉泡菜

材料 （4人份）

明治 牛奶巧克力 … 15g
豬五花肉 … 100g
蒜 … 1/3束
綠豆芽 … 1袋
泡菜 … 150g

A
- 味噌 … 2小匙
- 味醂 … 1/2大匙
- 醬油 … 1小匙
- 辣椒粉 … 1/4小匙

芝麻油 … 2小匙
鹽 … 適量

作法

1. 豬肉與蒜切成4cm寬。材料A與略微切碎的**牛奶巧克力**拌勻備用。

2. 平底鍋內加入芝麻油，熱油後放入豬肉煎至肉色改變，加入綠豆芽、泡菜，撒上鹽拌炒。綠豆芽炒熟後加入材料A，最後加入蒜快速拌炒即可。

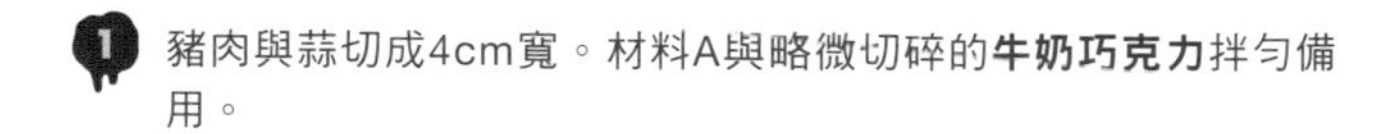
用味噌、辣椒粉及**牛奶巧克力**即可做出苦椒醬的味道。巧克力的濃醇香甜跟泡菜十分搭配。豬肉要煎至確實變色，香味出來後才算大功告成。

＼ 青菜加上巧克力的組合如何呢？ ／

沙拉

醬汁、沾醬跟淋醬也可以加巧克力。
一定能激發出更意外的美味♪

熱南瓜與特濃牛奶巧克力譜出夢幻合奏

奶香南瓜熱沙拉

材料 （4人份）

明治 特濃牛奶巧克力 … 9g
南瓜 … 1/4個
牛奶 … 4大匙
美乃滋 … 3大匙
綜合堅果 … 50g
鹽 … 少許

作法

1. 堅果先炒過後略微切碎備用。南瓜去皮去籽，切成易入口的大小後略泡一下水，以保鮮膜包著用500W的微波爐加熱4分鐘，讓南瓜變軟。

2. 趁熱將南瓜磨成泥，與牛奶、美乃滋均勻混合，加入略微壓碎的**特濃牛奶巧克力**和堅果拌勻，最後以鹽調味。

特濃牛奶巧克力讓沙拉口味更香甜，亦可作為下酒菜。把南瓜磨成泥混入巧克力時，要注意如果太碎，就會失去巧克力的風味。

芥末醬×美乃滋×可可＝3倍濃醇

巧克力芥末醬沙拉三明治

材料 （4人份）

明治 72%可可效果巧克力 … 10g
法國麵包 … 1條
萵苣、火腿、番茄、起司等個人喜好的食材 … 各適量
美乃滋 … 5大匙
芥茉籽醬 … 2小匙
醋 … 1小匙
奶油 … 15g

作法

1. 奶油置於常溫。**72%可可效果巧克力**放在耐熱容器裡，略微包覆保鮮膜後以500W微波爐加熱約30秒至融化。
2. 在步驟①的巧克力加入美乃滋、芥末醬、醋，均勻攪拌混合備用。
3. 法國麵包橫向劃刀但不切斷，內部塗上奶油，加上喜歡的食材夾起來，再淋上步驟②的醬汁。

加入**72%可可效果巧克力**能讓醬汁香味更提升。在麵包內夾入青菜時要確實用廚房紙巾等擦乾青菜水分。法國麵包用一般的三明治吐司代替也可以。

蘊含香辛風味的濃厚沾醬

溫和野菜佐
巧克力起司沾醬

材料 （4人份）

明治 86%可可效果巧克力 … 15g
南瓜、菜豆、花椰菜等個人喜好的食材 … 各適量
起司絲 … 40g
牛奶 … 100cc
太白粉 … 1/2小匙
鹽、黑胡椒 … 各少許

作法

1. 蔬菜切成易入口大小，稍微泡水後放入耐熱容器，略微包覆保鮮膜後以500W微波爐加熱3～5分鐘，再煮熟。
2. 起司絲裹上太白粉放入鍋內，加入略微壓碎的**86%可可效果巧克力**、牛奶，煮到黏稠後以鹽、胡椒調味，以蔬菜沾著食用。

86%可可效果巧克力和起司可以做出濃厚香辛風味的沾醬。色彩鮮豔的蔬菜拚盤是適合宴客的料理。太白粉是讓起司絲與牛奶融合的媒介。

不需用到芝麻糊的簡單♪濃醇芝麻醬

棒棒雞沙拉

材料　（4人份）

明治 牛奶巧克力 … 36g
雞胸肉 … 4片
鹽、胡椒 … 各適量
酒 … 1大匙
A［研磨白芝麻 … 3大匙
　 醋、醬油、美乃滋 … 各1大匙
番茄、黃瓜 … 各適量

作法

1. 雞胸肉撒上鹽、醬油，淋上酒後放入耐熱容器，略微包覆保鮮膜後以500W微波爐加熱1分鐘。翻面再加熱1分鐘後放涼。（如果還有未熟的部分請增加加熱時間）
2. **牛奶巧克力**切碎，放入耐熱容器，以500W微波爐加熱30秒。取出後仔細攪拌，再視情況加熱10秒直到完全融化。
3. 在材料A中加入步驟②拌勻。在盤子內依序放上切成半圓形的番茄片、切成絲的黃瓜和拍鬆的雞胸肉，最後淋上材料A。

不需用到芝麻糊和砂糖就能做出簡單的芝麻醬。雞胸肉以微波的方式加熱，加上酒蒸縮短料理時間。這道料理雖然省事，但絕對十分美味。

\ 加入巧克力更濃醇 /

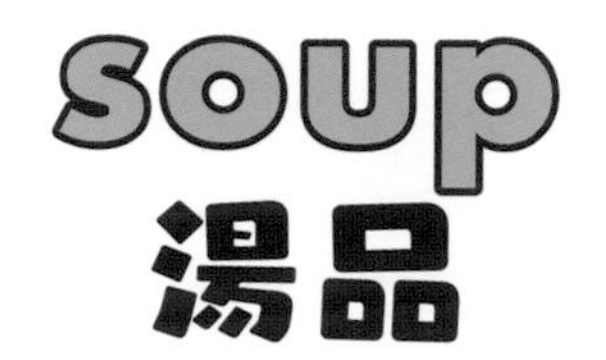

不止西式湯品！就連日式味噌湯，
都能用巧克力讓湯底更醇厚。

若加上特濃牛奶巧克力，更可縮短時間！

玉米濃湯

材料（4人份）

明治 特濃牛奶巧克力 … 18g

A
- 玉米濃湯罐 … 2罐（380g）
- 牛奶 … 500cc
- 高湯塊（切碎） … 1塊

鹽 … 適量
烤麵包丁 … 適量

作法

1. **特濃牛奶巧克力**切細碎備用。
2. 鍋內加入材料A、步驟①，加熱微溫。以鹽調味後盛入盤內，加上烤麵包丁。

巧克力 POINT

只需用火加熱的超簡單料理。玉米和**特濃牛奶巧克力**的甜味很搭！可做出醇厚的湯品。

蛤蜊與培根的鮮美更加突顯

蛤蜊巧達濃湯

材料（4人份）

明治 白巧克力 … 15g
蛤蜊罐頭 … 1小罐
培根 … 50g
洋蔥 … 1/2個
胡蘿蔔 … 1/3根
馬鈴薯（小） … 1個
牛奶 … 300cc
水 … 200cc
高湯塊 … 1個
沙拉油 … 2 小匙
鹽、黑胡椒 … 適量

作法

1. 培根、洋蔥、胡蘿蔔、馬鈴薯全部切成1cm丁狀。**白巧克力**切細碎。
2. 平底鍋內加入沙拉油，熱油後放入培根和步驟①的蔬菜炒。加入水、蛤蜊罐頭（連同湯汁）、高湯塊煮約10分鐘，煮到蔬菜變熟為止。
3. 加入牛奶煮到湯滾後，拿出一點湯汁融化切碎的巧克力，再放回鍋裡拌勻。最後以鹽、黑胡椒調味。

這是一道像加了奶油或鮮奶油的湯品。加入蛤蜊的湯汁可以帶出蛤蜊的鮮味。

醇厚的酸味中帶點巧克力的滋味

雞肉丸番茄湯

材料（4人份）

明治 86%可可效果巧克力 … 10g
雞絞肉 … 250g
洋蔥（切碎） … 1/4個
薑末 … 1小匙
蒜末 … 1/3小匙
綜合豆類 … 100g
蛋 … 1/2個
麵包粉 … 2大匙
鹽、黑胡椒 … 各適量
高湯塊 … 1又1/2個
番茄醬 … 1/2大匙
無鹽番茄汁
… 3罐（1罐190cc）
起司粉 … 依個人喜好

作法

1. 碗中加入蛋、麵包粉拌勻。加入絞肉、洋蔥、薑、1/3小匙鹽、黑胡椒揉成形。

2. 鍋內加入蒜末、番茄汁、切碎的高湯塊、綜合大豆，煮滾後加入分成12等分揉成圓形的步驟①，以中火煮8分鐘後加入切碎的**86%可可效果巧克力**。

3. 以鹽調味後盛入碗中，可依個人喜好撒上起司粉。

86%可可效果巧克力不僅可以中和番茄的酸味，可可的風味還能增加湯的層次。雞肉丸需等到湯確實沸騰後再放進去，形狀才不會散掉。

湯汁加上略苦的香味就成了赤味噌風♪

油豆腐
菠菜味噌湯

材料　（4人份）

明治 黑巧克力 … 9g
油豆腐皮 … 1片
菠菜 … 1束
湯汁（以柴魚、昆布等熬煮） … 800cc
味噌 … 2大匙

作法

1. 油豆腐皮切成寬7mm、菠菜切成寬3mm。**黑巧克力**切細碎備用。
2. 鍋內加入湯汁，加熱後放入油豆腐皮、菠菜。味噌與巧克力混合，以湯汁融化後放入鍋中，全部拌勻後即可。

帶點苦味的可可香，讓此料理與一般的味噌湯多了點不大一樣的美味。為了不讓美味流失，在盛盤前再放入巧克力吧。

＼ 和菓子內也加上巧克力吧！ ／

DESSERT
甜點

銅鑼燒與招牌巧克力香蕉大福，
你喜歡哪一個？

軟綿綿的鮮奶油加上可可餅皮的好滋味♪

紅豆奶油起司
可可銅鑼燒

材料　（5個份）

明治 72%可可效果巧克力 … 15g
鬆餅粉 … 150g
A ┌ 蛋 … 1個
　│ 砂糖、蜂蜜 … 各2大匙
　└ 牛奶 … 100cc
紅豆泥（市售）… 200g
奶油起司 … 80g
沙拉油 … 適量

作法

1. **72%可可效果巧克力**切細碎，放入耐熱容器，以500W微波爐加熱30秒。取出拌勻後再加熱10秒至完全融化備用。
2. 將奶油起司打至呈綿密的奶油狀，與紅豆泥拌勻。
3. 將材料A加入碗內攪拌，再放入鬆餅粉以及步驟①的巧克力拌勻。
4. 熱平底鍋，用廚房紙巾將沙拉油均勻覆蓋鍋內。
5. 轉小火，將步驟③從高處倒入約50cc的量，做成直徑約10cm的圓形。等表面出現氣泡後再翻面，烤約10秒後取出。
6. 將步驟⑤包上保鮮膜放涼，2片一組，並塗上分成5等分的步驟②。

略帶苦味的外皮與不會太甜的紅豆奶油起司十分搭！餅皮很容易焦掉，所以一定要用小火。為了不要讓烤過的餅皮變乾硬，請記得包上保鮮膜。放涼時餅皮以保鮮膜包緊置於常溫下，紅豆奶油起司則放在冰箱。

大家都愛的日式點心

巧克力香蕉大福

材料 （5個份）

明治 牛奶巧克力 … 100g
香蕉 … 1根
鮮奶油 … 50g

A
- 白玉粉 … 100g
- 水 … 120cc
- 砂糖 … 2大匙

太白粉 … 適量

作法

1. **牛奶巧克力**切細碎放入碗中備用。
2. 鍋內加入鮮奶油，在即將沸騰前拿出，混入步驟①。用打蛋器攪拌到融化。
3. 碗內加入冷水，用手揉到可以捏成圓形的硬度，邊用打蛋器攪動，再放涼。
4. 香蕉切成寬2.5cm，共5個備用。
5. 在盤中鋪上烘焙紙，以湯匙將步驟③分成5等分後放入盤內。在上面加入香蕉，再包起搓成球狀，放入冰箱內。
6. 耐熱容器中放入材料A，以湯匙拌勻，略微包覆保鮮膜後以500W微波爐加熱1分鐘，取出攪拌均勻，再加熱30秒。若有沒熟的部分再微波10秒。
7. 在盤中鋪上太白粉，將步驟⑥放置其上，分成5等分。
8. 等放涼後用手壓成餅狀，包入步驟⑤。

包著香蕉的濃醇甘納許（Ganache，巧克力與牛奶或奶油的混合物），用柔軟的求肥*外皮包起來，是大人小孩都愛吃的甜點。包著香蕉的巧克力先在冰箱中冷藏，這樣包起來時會容易得多。

＊求肥：糯米粉為原料，加糖加熱攪拌後，似麻糬樣，即大福等糯米點心外層的糯米糰。

巧克力飲料 DRINK

輕鬆微波♪
注意如果冰過頭會結塊！

調理時間 約 **10** 分

蔬果汁MIX

材料（1杯份）

明治 牛奶巧克力 … 50g
牛奶 … 1又1/2大匙
蔬果汁 … 200cc

作法

1. 在耐熱容器內加入切碎的**牛奶巧克力**、牛奶，以500W微波爐加熱30秒，如果巧克力沒融化，再視情況加熱10～20秒。取出後仔細攪拌到完全融化，放涼。
2. 將步驟①倒入杯中，加入蔬果汁混合即可。

蔬菜汁加上**牛奶巧克力**，讓甜度升級！既能補充營養，也可以品嚐到甜點的感覺。

甜點口感＋補充營養♪

drink of chocolate

輕爽的巧克力飲品

調理時間 約**10**分

優酪乳MIX

材料（1杯份）

明治 牛奶巧克力 … 50g
牛奶 … 1又1/2大匙
優酪乳 … 200cc

作法

1. 在耐熱容器內加入切碎的**牛奶巧克力**、牛奶，以500W微波爐加熱30秒，如果巧克力沒融化，再視情況加熱10～20秒。取出後仔細攪拌到完全融化，放涼。

2. 將步驟①倒入杯中，加入優酪乳混合即可。

輕爽的優酪乳與**牛奶巧克力**的濃厚香甜十分搭♪很適合早晨飲用。

彷彿Lounge提供的茶飲

調理時間 約**5**分

奶茶MIX

材料（1杯份）

明治 牛奶巧克力 … 50g
牛奶 … 1又1/2大匙
奶茶（市售） … 200cc
棉花糖 … 1個

作法

1. 在耐熱容器內加入切碎的**牛奶巧克力**、牛奶，以500W微波爐加熱30秒，如果巧克力沒融化，再視情況加熱10～20秒。取出後仔細攪拌到完全融化，放入耐熱杯中。

2. 溫熱奶茶後倒入杯中，加上棉花糖、巧克力末裝飾。

以棉花糖做點綴，氣氛更加提升♪只要用市售的奶茶就能做出這道簡單的飲品。

餐飲界達人的巧克力風味食譜

餐飲界達人的巧克力風味食譜競相爭豔！

請享用食物纖維豐富的

健康美味料理吧☆

巧克力與
起司
很搭配

片岡 護

「Alporto餐廳」
主廚

濃醇口感
可做出可可風味
的醬汁

神保 佳永

「HATAKE AOYAMA」
總料理長

可帶出味噌
的層次

菰田 欣也

四川飯店集團
取締役總料理長

可以代替
甜麵醬

下村 邦和

「元町 SHIMOMURA」
主廚

增加溫醇
的濃郁及
甜度

笹島 保弘

「IL GHIOTTONE」
主廚

讓味道
更深厚

木下 威征

株式會社T.K-BLOCKS
代表取締役／總料理長

引出
食材原本
的美味

坂田 幹靖

「GINZA kansei」
主廚

可攝取到
不足的食物
纖維！

KAORU

日本野菜侍酒師協會認定
資深野菜侍酒師

巧克力與
蔬菜是理想
的組合

篠原繪里佳

日本野菜侍酒師協會認定
野菜果物美容顧問

可可風味與溫醇甜味滿溢

起司義式燉飯 巧克力風味

片岡 護 主廚監修

材 料（1人份）

明治 黑巧克力 … 約3g
明治 牛奶巧克力 … 大量
蘆筍 … 2根
洋蔥（切碎）… 15g
奶油 … 8g
米（義大利米）… 80g
白酒 … 30cc
雞肉清湯 … 150cc
生火腿 … 1/2片
奶油（盛盤前）… 20g
帕馬森起司 … 適量
鹽、胡椒 … 各適量
荷蘭芹（切碎）… 適量

作 法

1. 蘆筍以刨刀去皮，莖部切成1cm丁狀，頂部橫切掉一半。
2. 鍋內加入奶油、洋蔥，以中火炒軟後加入步驟①、米拌炒，全部均勻沾上油後加入白酒。
3. 炒到步驟②的水乾了以後，加入溫熱的雞肉清湯，高度與食材略平，以木鏟邊翻動邊煮。
4. 悶煮約8分鐘後米會膨脹。如果水變少就繼續加入清湯，一直保持湯汁與食材同高度的狀態再煮8分鐘。
5. 把蘆筍的頂部裝飾在步驟④上。燉飯內加入**黑巧克力**拌勻，再悶煮5分鐘。
6. 將生火腿撕碎加到步驟⑤內，等整體呈膨大狀時關火。
7. 在步驟⑥加入盛盤前的奶油，融合到燉飯內，加上帕馬森起司，以鹽、胡椒調味。
8. 將步驟⑦盛盤，撒上大量磨碎的**牛奶巧克力**，加上切碎的荷蘭芹及帕馬森起司。

甜味低的**黑巧克力**增加濃醇感，撒在飯上的**牛奶巧克力**，在奶香中帶著可可的口感。與**巧克力**很對味的起司跟蔬菜也非常搭。

巧克力 POINT

72%可可效果巧克力與味道強烈的起司十分搭。將兩者切碎是為了讓兩種味道都能餘韻猶存，讓各種口感在嘴裡混合。

享受輕脆的蔬菜搭配巧克力與堅果的口感反差

片岡 護 主廚監修

材料（2～3人份）

明治 72%可可效果巧克力 … 5g
小白蘿蔔 … 4根
櫻桃蘿蔔 … 3個
紅心蘿蔔 … 20g
菊苣 … 4片
核桃（烤過） … 20g
哥魯拱索拉(Gorgonzola)起司 … 20g
【調味料】
特級初榨橄欖油 … 適量
黑胡椒…適量
檸檬汁…1小匙
法式沙拉醬…1小匙
鹽…0.5g
荷蘭芹（切碎）…1撮
義大利陳年酒醋…少許
白酒醋…少許
山蘿蔔（裝飾用）…適量

作法

1. 小白蘿蔔橫切1/4，櫻桃蘿蔔、菊苣切半，紅心蘿蔔切成傘狀。核桃略微切碎。
2. 碗內放入步驟①，用手將哥魯拱索拉起司分成適當大小，也加入碗內，放入冰箱備用。
3. 取出冰過的步驟②，加入切碎的**72%可可效果巧克力**，全部混合。
4. 在步驟③內依序加入特級初榨橄欖油1大匙、黑胡椒、檸檬汁、法式沙拉醬、鹽、荷蘭芹、義大利陳年酒醋、白酒醋，均勻攪拌調味。
5. 將步驟④盛盤，以山蘿蔔裝飾，淋上特級初榨橄欖油。

胡椒鹽與巧克力的組合讓人一吃就上癮！

炸牛蒡佐巧克力醬

片岡 護 主廚監修

材料（2～3人份）

牛蒡 … 120g（約1根）
鹽、黑胡椒 … 各適量

【沾醬】
明治 黑巧克力 … 50g
奶油 … 6g
鮮奶油（乳脂肪成分45%） … 40cc

作法

1. 牛蒡去皮切成厚0.8mm、長15cm左右的細條，略微泡水。
2. 瀝乾步驟①的水分，以180℃的沙拉油（分量外）油炸，撒上鹽、黑胡椒。
3. **黑巧克力**切碎，放入碗中隔水加熱煮至融化後，加入奶油、鮮奶油均勻混合。
4. 將步驟②盛盤，撒上大量黑胡椒，將步驟③倒入小碟中即可。

巧克力 POINT

炸牛蒡加上鹽和黑胡椒，可以讓**黑巧克力**的奶香味和可可的風味更加深刻。

濃烈有勁的巧克力醬十分適合佐紅酒或日本酒！

時蔬佐熱巧克力沾醬

神保 佳永 總料理長監修

材料（2～3人份）

【熱巧克力沾醬】
明治 牛奶巧克力 … 25g
蒜頭 … 5瓣
牛奶（去除味道用） … 500cc
特級初榨橄欖油 … 200cc
鯷魚（切成左、右、中三段並去骨） … 3片
帕馬森起司 … 2大匙
鹽 … 少許

【當季蔬菜】
高麗菜、蘆筍、小白蘿蔔、小番茄等
個人喜好的蔬菜 … 各適量

作法

1. 蒜頭去皮，以牛奶煮2次以去除大蒜味。
2. 將步驟①與鯷魚、特級初榨橄欖油、帕馬森起司、鹽以攪拌器打成糊狀。
3. 將**牛奶巧克力**隔水加熱至軟化，加上步驟②後拌勻。
4. 將蔬菜盛盤，用加熱且能保溫的器皿裝上步驟③即可食用。

溫醇甜美的**牛奶巧克力**，搭配口感突出的蒜頭和鯷魚，可以做出濃郁且深具可可風味的沾醬。

請享用滑順易入口的涼拌小菜吧！

橄欖油拌菠菜佐白巧克力芝麻味噌

神保 佳永 總料理長監修

材料（2人份）

【巧克力芝麻味噌】
明治 白巧克力 … 20g
西京味噌 … 1大匙
研磨白芝麻 … 2大匙
熱水 … 適量

菠菜 … 1束
特級初榨橄欖油 … 適量

作法

1. 將**白巧克力**放入碗中，隔水加熱至軟化。
2. 在步驟①加入西京味噌、研磨白芝麻，倒入少許熱水使成糊狀。
3. 菠菜汆燙後沖淋冰水使冷卻，仔細瀝乾水分後切成易入口的大小。
4. 在步驟③加入步驟②，盛盤後淋上特級初榨橄欖油。

巧克力 POINT

將**白巧克力**取代砂糖成為「白色食材」，加上西京味噌和研磨白芝麻，就成了口感溫和的涼拌調味料。

巧克力 POINT

72%可可效果巧克力加上橄欖油，就成了口感輕爽的沾醬。再加上白酒醋等，更加爽口鮮美。

帶出蔬菜食感，略帶點甘苦味的大人口感

翠綠沙拉佐72%可可醬

神保 佳永 總料理長監修

材料（2～3人份）

【醬汁】

明治 72%可可效果
巧克力 … 55g
白酒醋 … 40cc
芥末 … 1小匙
特級初榨橄欖油 … 100cc
鹽、胡椒 … 各適量

【當季蔬菜】

散葉萵苣、綜合生菜、櫻桃蘿蔔、番茄等 … 各適量

作法

1. 將**72%可可效果巧克力**放入碗中，隔水加熱至軟化。
2. 用手指按壓步驟①到可以壓碎的硬度後，以隔水加熱的狀態加入白酒醋、芥末，以打蛋器攪拌均勻。
3. 持續攪拌到十分柔軟後，以鹽、胡椒調味，將鍋子移開爐火，加入一點特級初榨橄欖油繼續拌勻，直到成為滑順的沾醬。
4. 將蔬菜盛盤，搭配玻璃器皿裝的步驟③即可食用。

帶點苦味，又有可可的芳香，讓人印象深刻

86％可可風味叉燒炒飯

菰田 欣也 總料理長監修

材料（2人份）

【簡易叉燒】
豬里肌肉
（約5mm厚的薄片）⋯ 150g
洋蔥 ⋯ 1/4個
胡蘿蔔 ⋯ 50g
醬油 ⋯ 2大匙
酒 ⋯ 1大匙

【炒飯】
明治 86%可可效果巧克力
⋯ 10g
明治 86%可可效果巧克力
（裝飾用）⋯ 適量
飯 ⋯ 400g
蛋 ⋯ 1個
胡椒 ⋯ 少許
鹽 ⋯ 2撮
雞湯粉 ⋯ 1/3小匙
沙拉油 ⋯ 1/3小匙
蔥花 ⋯ 適量
醬油 ⋯ 1/4小匙

作法

【簡易叉燒】

1. 洋蔥、胡蘿蔔切薄片。
2. 豬肉、步驟①的洋蔥、胡蘿蔔先煮一下再放入塑膠袋內，趁熱加入醬油、酒拌勻，將袋子密封起來，放置15～20分鐘以入味。
3. 將步驟②的肉和蔬菜從袋裡拿出，切成5mm丁狀後再放回袋裡均勻沾上醬汁，讓味道浸透。

【炒飯】

4. 白飯（溫熱）加上蛋花、胡椒、鹽、雞湯粉，均勻攪拌。
5. 平底鍋內加入沙拉油，加入步驟④攤平，讓白飯沿著鍋邊翻炒、拌勻。
6. 等步驟⑤的飯變得粒粒分明之後，將一半的步驟③連同醬汁一起加入拌炒。
7. 在步驟⑥加上蔥花以及削成碎末的**86%可可效果巧克力**，加入醬油快速拌炒。
8. 將剩下的步驟③裝入盤中，以蔥花裝飾，最後撒上削成碎末的**86%可可效果巧克力**。

起鍋前加入**86%可可效果巧克力**快速拌炒，熱度能讓香味更濃郁，增加食欲。「簡易炒飯」可以應用在各種菜色上，十分方便。

巧克力 POINT

牛奶巧克力可代替甜麵醬使用。起鍋前加入**牛奶巧克力**快速拌炒，使味道均勻混合。

甜、苦、辣組合而成富變化的好滋味

夏季的回鍋肉 苦瓜牛奶巧克力協奏曲

菰田 欣也 總料理長監修

材料（2人份）

明治 牛奶巧克力 … 6g
豬五花肉（薄片）… 100g
苦瓜 … 30g
蔥 … 1/3根
紅甜椒 … 1/4個
高麗菜 … 150g
太白粉 … 適量

沙拉油 … 1小匙
蒜末 … 1/5小匙
豆瓣醬 … 1～1.5小匙
酒 … 1大匙
醬油 … 1小匙
胡椒 … 少許
豆豉 … 1/2小匙

作法

1. 豬肉切成寬3～4cm、苦瓜直切後切薄片、蔥斜切、紅甜椒和高麗菜切成一口大小。高麗菜芯以刀背敲軟。
2. 豬肉撒上太白粉。苦瓜、紅甜椒、高麗菜汆燙後瀝乾水分備用。
3. 平底鍋內加入沙拉油，加入步驟②的豬肉平放，以中火煎煮，注意不要讓肉縮起來。
4. 等豬肉單面肉色改變後，加上步驟①的蔥略炒，再加入蒜末、豆瓣醬、酒、醬油、胡椒、豆豉、及步驟②的蔬菜拌炒。
5. 在步驟④加上削成碎末的**牛奶巧克力**，全體快速拌炒即可起鍋。

綿密酸甜的醬汁讓人停不了口♪

白巧克力飄香涼麵

菰田 欣也 總料理長監修

材料（2人份）

中式麵條 … 2團
里肌火腿 … 4片
蛋 … 1個
鹽、胡椒 … 各少許
和水太白粉 … 1/3小匙
水菜 … 40g
胡蘿蔔 … 10g
小番茄 … 4個

【醬汁】
明治 白巧克力 … 10g
蘋果醋 … 4大匙
雞湯粉 … 1/2小匙
熱水 … 2大匙
蒜末 … 1/3小匙
鹽 … 2撮

明治 白巧克力（裝飾用）
… 適量
辣油 … 1/2小匙

作法

1. 水菜切成寬3～4cm、胡蘿蔔先切成薄圓片後再切絲，浸泡水中使口感清脆。
2. 打蛋花加上鹽、胡椒、和水太白粉攪拌，煎成蛋餅後切成細絲。火腿也切細絲備用。
3. 麵條切成1/2長度，煮熟後過冷水。
4. 將削成碎末的**白巧克力**放入碗中，與醬汁的材料拌勻。
5. 盤中盛入步驟③，加上步驟①、②和小番茄，淋上步驟④的醬汁。
6. 依個人喜好在步驟⑤淋上辣油，撒上切碎的**白巧克力**。

巧克力 POINT

白巧克力加上蘋果醋變成了醬汁。可可的味道與蒜頭很搭，作為味道的媒介可讓整體口感更均衡美味。

濃醇醬汁促進食欲！

元氣
巧克力醬汁炒麵

下村 邦和 主廚監修

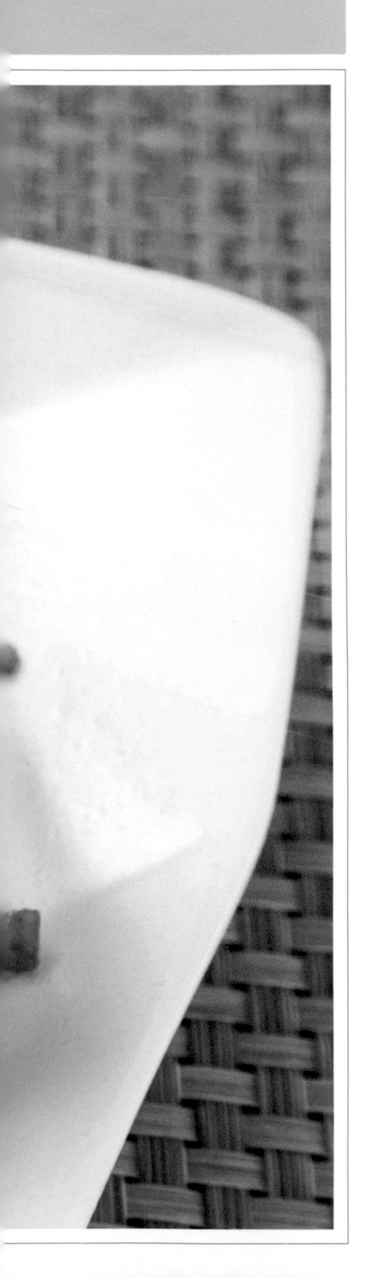

材料（1～2人份）

【巧克力醬汁（易做的分量）】
明治 牛奶巧克力 … 20g
伍斯特醬 … 50g
中濃醬 … 50g

豬五花肉（切片） … 50g
高麗菜 … 30g
蒜苗 … 20g
胡蘿蔔 … 10g
蔥 … 40g
沙拉油 … 適量
中式麵條 … 1團
蔥白（裝飾用） … 適量

作法

1. 將巧克力醬汁的材料全部加入鍋中，開火煮至**牛奶巧克力**融化，但注意不要燒焦。
2. 將豬肉、高麗菜、蒜苗、胡蘿蔔、蔥切成易入口的大小備用。
3. 平底鍋內加入沙拉油，放入步驟②的豬肉和蔬菜拌炒，加上步驟①的巧克力醬汁1大匙調味後放入盤中。
4. 步驟③的平底鍋洗淨後加入沙拉油，放入麵條平鋪於鍋內，開火炒至兩面略呈焦樣。
5. 在步驟④加入巧克力醬汁3大匙調味。
6. 在步驟⑤加上步驟③的豬肉和蔬菜，以大火拌炒後盛盤，加上蔥白裝飾，最後淋上巧克力醬汁。

牛奶巧克力加上醬汁能讓口感更濃郁，品嚐到更醇厚深層的風味。單吃炒麵雖然也能飽足，但更推薦配白飯一起吃。

巧克力 POINT

白巧克力加上奶油起司或鮮奶油、牛奶，便可製成濃厚的奶油醬汁。也適用於義大利麵或焗烤。

帶點辛辣的醬汁最下飯

炸雞佐辛辣巧克力醬汁

下村 邦和 主廚監修

材料（1～2人份）

【巧克力起司醬汁】
明治 白巧克力 … 20g
奶油起司 … 50g
鮮奶油 … 100cc
牛奶 … 50cc
鹽 … 1小匙
黑胡椒 … 1小匙

雞腿肉 … 100g
酒 … 1大匙
薑末 … 適量
醬油 … 適量
太白粉 … 適量

【裝飾用蔬菜】
萵苣、生菜等 … 各適量

作法

1. **白巧克力**分成適當大小，與奶油起司混合放入鍋中，起小火，煮至巧克力融化，並輕輕攪動成稠狀。
2. 在步驟①加入鮮奶油、牛奶延展成柔軟的糊狀，以鹽、黑胡椒調味。
3. 雞肉切成易入口的大小，加入酒、薑、醬油至入味，撒上太白粉後以油（分量外）炸成雞塊。
4. 盤內鋪上裝飾用蔬菜，放入步驟③，淋上步驟②的醬汁。

巧克力與味噌的最佳組合

巧克力味噌佐時蔬

下村 邦和 主廚監修

材料（2人份）

【巧克力味噌】
明治 86%可可效果巧克力 … 5g
信州味噌 … 50g
酒 … 100cc
砂糖 … 20g

【當季蔬菜】
日本油菜、白蘿蔔、芹菜、胡蘿蔔、
櫻桃蘿蔔、嫩薑 … 各適量

作法

1. 將巧克力味噌的材料全部放入鍋中，以小火煮到成柔順稠狀。
2. 將蔬菜切成易入口大小，盛入鋪著冰塊（分量外）的盤內，佐以步驟①的巧克力味噌。

巧克力 POINT

86%可可效果巧克力的可可味道濃烈，比較不甜，作為味噌的提味可以帶出不同的美味。

招牌菜紅酒燉牛肉的醇厚與香味更加提升

巧克力紅酒燉牛肉蔬菜

笹島 保弘 主廚監修

※不含前置作業時間

材料（2人份）

【巧克力味噌】

明治 黑巧克力 … 20g
嫩肩里肌肉 … 200g
洋蔥 … 1/4個
胡蘿蔔 … 1/3根
芹菜 … 1/2根
紅酒 … 350～500cc
鹽 … 2g
橄欖油 … 適量
紅酒醋 … 2大匙
鹽、胡椒 … 各適量

【蔬菜類】

青花菜 … 4株
胡蘿蔔 … 4段
珍珠小洋蔥 … 4塊
馬鈴薯 … 4塊
奶油 … 20g
雞高湯（市售可） … 70cc

作法

1. 牛肉切成一口大小，撒上鹽，靜置1小時。
2. 洋蔥、胡蘿蔔、芹菜切塊，平底鍋加入沙拉油，炒至蔬菜變色。
3. 將步驟①、②醃漬在紅酒中（蓋過牛肉的程度）1小時。
4. 取出步驟③的牛肉，平底鍋加入沙拉油，炒至表面變色。
5. 將步驟③的蔬菜和紅酒、步驟④的牛肉移到鍋中燉煮約1～2小時，等牛肉變軟後與洋蔥、胡蘿蔔、芹菜一起與煮汁繼續燉煮，最後加上**黑巧克力**、紅酒醋，以鹽、胡椒調味。
6. 蔬菜類切成易入口大小，煮至水滾。
7. 平底鍋內加入奶油、雞高湯，開火，加入步驟⑥，以鹽、胡椒調味，最後與步驟⑤一起盛盤即可。

法式料理中，為了提升香味與口感，會以紅酒及巧克力醃漬，或是加上**黑巧克力**燉煮。巧克力的香味容易跑掉，所以要在最後料理步驟中才加入。

大量撒上的巧克力營造特別氛圍

什錦菇奶油培根巧克力義大利麵

cooking time

料理時間 約**10**分鐘

※不含煮義大利麵的時間

笹島 保弘 主廚監修

材料（2人份）

明治 72%可可效果巧克力 … 5g
培根 … 40g
特級初榨橄欖油 … 15cc
白酒 … 30cc
雞高湯（若沒有能以水代替） … 160cc
鮮奶油 … 50cc
鹽 … 適量
蘑菇 … 20g
鴻喜菇 … 20g
舞茸 … 20g
義大利麵 … 80g
蛋黃 … 2個
帕馬森起司 … 20g

黑胡椒 … 0.5g

作法

1. 培根切成寬5mm。平底鍋內加入特級初榨橄欖油，開火，等培根炒出香味後加入白酒。
2. 在步驟①加入雞高湯（或水）、鮮奶油及鹽調味備用。
3. 把蘑菇、鴻喜菇、舞茸切成易入口大小，起另一鍋炒後，加入步驟②中。
4. 用加入2%鹽（分量外）的熱水煮義大利麵。（煮麵的時間與義大利麵的包裝標示相同）
5. 將步驟④加入步驟③混合，最後加上打散的蛋黃和帕馬森起司，盛盤。
6. 大量撒上黑胡椒及用菜刀切成碎末的**72%可可效果巧克力**。

巧克力 POINT

72%可可效果巧克力作為取代黑胡椒的辛香料使用。濃醇的可可風味讓口感更醇厚。

巧克力 POINT

軟滑的白醬加上**牛奶巧克力**，讓香味及濃度更加提升。醬汁若淋在奶油飯或抓飯上，就成了鮮蝦焗飯。

可愛造型最適合派對料理

巧克力焗烤蕪菁鑲蝦肉

笹島 保弘 主廚監修

材料（1人份）

小蕪菁 … 1個
蕪菁果肉
（中間挖空的部分） … 15g
小蝦子 … 40g
橄欖油 … 適量

【白醬】
明治 牛奶巧克力
… 10g
牛奶 … 50cc
奶油 … 25g
小麥粉（高筋麵粉） … 25g
鹽、胡椒 … 各適量
白酒 … 10cc
披薩用起司 … 10g

作法

1. 將小蕪菁切除蒂的部分，外部留約5mm厚度，將中心挖空。挖出的果肉切丁。
2. 平底鍋內加入橄欖油，開火後拌炒步驟①的蕪菁果肉和小蝦子後，鑲進步驟①的中空部位裡。
3. 製作白酒。將奶油融化於鍋中，拌炒小麥粉以做成醬汁，再加入牛奶混合，注意顆粒要完全溶化，等到呈濃稠狀後再以鹽、黑胡椒調味。
4. 在步驟③的醬汁裡加入**牛奶巧克力**和白酒，等巧克力融化後淋到步驟②上。
5. 在步驟④放上披薩用起司，以180℃烤箱烤5分鐘。
6. 盛盤時裝飾上步驟①切下的蒂。

馥郁醇厚辛香的完美調和

牛奶巧克力＆義大利肉醬拌茄子

木下 威征 總料理長監修

材料（1盤份）

【義大利肉醬】
明治 特濃牛奶巧克力
… 50g
奶油 … 適量
蒜頭（切碎） … 1瓣
洋蔥（切碎） … 1/2個
芹菜（切碎） … （較小的）1根
胡蘿蔔 … 1/2根
牛絞肉 … 100g
紅酒 … 50cc
水煮番茄罐 … 400g（1罐）
咖哩粉 … 1小匙
鹽 … 1.5小匙
黑胡椒 … 適量

茄子 … 2條
沙拉油 … 適量
帕馬森起司（粉）
… 1.5大匙
荷蘭芹（切碎） … 適量

作法

1. 茄子留蒂去皮，平底鍋內加入大量沙拉油，將茄子炸至全熟。
2. 製作義大利肉醬。平底鍋內加入奶油，拌炒絞肉，倒掉多餘的油，肉取出備用。
3. 平底鍋內加入奶油，再加入洋蔥、芹菜、胡蘿蔔拌炒，加入步驟②的絞肉續炒後，倒入紅酒燉煮。
4. 在步驟③加入搗碎的番茄罐，大火煮5分鐘後，以咖哩粉、鹽、黑胡椒調味，最後加上弄碎的**特濃牛奶巧克力**拌勻。
5. 製作帕馬森起司餅。在平底鍋內放入帕馬森起司，壓成直徑約10cm的圓形，以小火煎。等起司融化成圓餅狀後翻面繼續煎，取出後在常溫下放涼。
6. 在盤內放入步驟①的茄子，淋上步驟④的醬汁，佐以步驟⑤，再撒上切碎的荷蘭芹即可。

這道料理要做的美味，關鍵在調得恰好的甜味與辛香味。起鍋時加上**特濃牛奶巧克力**，更能增添滑順的口感和香甜。可可讓味道溫醇。

巧克力 POINT

以香菇汁為底，加上雞湯粉、鮮奶油，以及提升醇度的**白巧克力**，就能做出濃厚的白醬。

招牌雞肉料理與牛奶的組合

烤雞佐白巧克力風味鮮菇白醬

木下 威征 總料理長監修

材料（1盤份）

【醬汁】

明治 白巧克力 … 27g
蘑菇 … 1盒
鴻喜菇 … 1盒
舞茸 … 1盒
鹽 … 1撮
水 … 100cc
鮮奶油 … 200cc
雞湯粉 … 1小匙
白酒 … 100cc

【烤雞】

幼雞（已處理過） … 1隻
鹽、胡椒 … 各適量
沙拉油 … 適量

【裝飾用蔬菜（熟）】

胡蘿蔔 … 1/2根
白花椰菜 … 1/4株
馬鈴薯（小May Queen品種） … 2個
青花菜 … 1/4株

作法

1. 蘑菇、鴻喜菇、舞茸切成易入口大小，與鹽、水一同放入鍋中，加蓋悶煮。
2. 等步驟①的菇類出水後，用篩子把香菇汁與菇類分開。菇類以奶油（分量外）嫩煎備用。
3. 另起一鍋加入白酒以大火燉煮，加入步驟②的香菇汁和雞湯粉，燉煮到約剩1/2的量。
4. 在步驟③加入鮮奶油，續煮到量再剩一半後，加上**白巧克力**勾芡。
5. 製作烤雞。將雞塗上鹽和胡椒，放在抹了沙拉油的烤盤上，以烤箱烤約20～25分鐘（也可分解成雞腿、雞胸等部分料理）。
6. 將裝飾用蔬菜切成易入口大小，用鹽水煮熟。
7. 在大盤子裡鋪上步驟②的香菇，加上步驟⑥的蔬菜。步驟④的醬以別的器皿盛裝。

帶點苦澀的牛肉燴醬讓口感更馥郁

86%可可效果巧克力漢堡排醬

木下 威征 總料理長監修

材料（1盤份）

【漢堡排】

牛絞肉 … 160g
鹽、胡椒、肉豆蔻、丁香、薑、肉桂 … 各少量
蒜頭 … 1瓣
洋蔥（切碎） … 1/2個
麵包粉 … 1大匙
蛋 … 1/2個

【醬汁】

明治 86%可可效果巧克力 … 15g
牛肉燴醬 … 1.5大匙
番茄醬 … 1大匙
紅酒 … 100cc
奶油 … 1大匙
鹽、胡椒 … 各少量

【烤洋蔥】

洋蔥 … 1個
生火腿肥肉部分（培根也可） … 適量

作法

1. 製作漢堡排。平底鍋內加入沙拉油（分量外），熱油後放入洋蔥炒至熟透。
2. 將其他肉醬的材料放入碗中，加入步驟①拌勻，捏成橢圓型。
3. 用平底鍋將步驟②的漢堡排兩面翻煎後取出，平底鍋不用洗，加紅酒燉煮。
4. 步驟③煮到收汁後加入牛肉燴醬、番茄醬，最後加上**86%可可效果巧克力**與奶油，以鹽、胡椒調味。
5. 製作烤洋蔥。將生火腿或培根的肥肉部位捲在洋蔥外面，以鋁箔紙包住，用180℃的烤箱烤約2小時。
6. 將步驟⑤切成1/2，剖面朝下以平底鍋煎烤。
7. 將步驟③的漢堡排盛盤，淋上步驟④的醬汁，加上步驟⑥的洋蔥。

巧克力 POINT

86%可可效果巧克力與使用了紅酒及牛肉燴醬的肉類料理或是辛辣的咖哩等都十分搭配，可以創造出深遠的味道。

巧克力 POINT

放入口中後半溶的**白巧克力**與馬鈴薯非常有層次感。由於味道十分濃郁，不需再加沾醬。

入口即化的軟綿濃郁口感

白巧克力可樂餅

坂田 幹靖 主廚監修

材料（2人份）

明治 白巧克力 … 40g
馬鈴薯 … 500g
洋蔥 … 1/2個
混合絞肉 … 50g
奶油 … 20g
鹽 … 5g
黑胡椒 … 少量
肉豆蔻 … 少量

作法

1. 馬鈴薯連皮水煮，等煮軟後去皮搗碎成泥，放涼備用。
2. 將切碎的洋蔥以奶油炒，加上鹽、黑胡椒。煮到水分沒了以後加上絞肉，邊炒邊仔細拌勻。
3. 煮熟後放涼，與放涼的馬鈴薯和切碎的**白巧克力**混合。
4. 裹上麵包粉，以160～180℃的熱油炸到呈金黃色後即可。

略帶苦味的牛蒡更突顯雞肉的美味

煎雞肉佐牛蒡
巧克力風味醬汁
附胡蘿蔔沙拉

坂田 幹靖 主廚監修

材料（2人份）

明治 95%可可效果
巧克力 … 約30g
雞胸肉 … 2片
小牛高湯
（市售品可）…100g
奶油 … 適量
牛蒡 … 100g

A 鹽 … 適量
　胡椒 … 適量

胡蘿蔔 … 100g
荷蘭芹 … 適量
酒醋 … 2小匙
油 … 1大匙
鹽 … 1/2小匙
胡椒 … 適量

作法

1. 雞肉炒熟。
2. 將切成約1cm的牛蒡以奶油拌炒，再以小牛高湯燉煮，等變軟後以食物調理器打碎。
3. 將步驟②以鍋子溫熱後加入材料A調味，與略微切碎的**95%可可效果巧克力**混合。
4. 胡蘿蔔切細碎、荷蘭芹切碎，加入酒醋、油、鹽、胡椒，用手拌勻。

巧克力 POINT

將**95%可可效果巧克力**略微切碎，注意不要讓它完全溶化，與牛蒡混合拌勻。煎雞肉時留意帶皮的那面朝下。

食物纖維滿點的招牌義大利麵

牛蒡番茄波隆那肉醬麵

資深野菜侍酒師 KAORU監修

材料（4人份）

明治 黑巧克力 … 10g
義大利麵 … 320g
牛蒡 … 1/2根
洋蔥 … 1/2個
混合絞肉…240g
A
- 鹽 … 少許
- 胡椒 … 少許
- 小麥粉 … 2大匙

橄欖油 … 1大匙及2小匙
紅酒 … 4大匙
水 … 4大匙
蒜頭 … 1/2片
番茄罐頭 … 1罐
中濃醬 … 2大匙
小番茄、碎荷蘭芹…各適量

作法

1. 絞肉抹上材料A，以橄欖油1大匙熱鍋炒熟。
2. 將切碎的牛蒡炒到表面通透，加入洋蔥續炒。
3. 加入紅酒、水煮滾，加入切碎的大蒜和2小匙的橄欖油續煮。
4. 加入搗碎的番茄燉煮，加入中濃醬和**黑巧克力**。
5. 將煮熟的義大利麵與肉醬盛盤，加上切片的小番茄及荷蘭芹。

巧克力 POINT

牛蒡和肉的味道可以用**黑巧克力**消除，讓口感更柔順。

巧克力 POINT 很多人不敢吃的芹菜或甜椒，搭配滑順的酪梨和甜甜的**牛奶巧克力**後，會變得很美味。

奶香綿密的豐盛蔬菜三明治

巧克力蔬菜三明治佐酪梨醬

資深野菜侍酒師 KAORU監修

材料（2人份）

明治 牛奶巧克力 … 20g
貝果 … 2個
酪梨 … 1個
芹菜 … 1/2根
甜椒 … 1/4個
檸檬 … 1/8個
奶油起司 … 60g
鮮奶油或牛奶 … 少量
生菜 … 適量
小番茄 … 適量

作法

1. 酪梨削皮，將果肉搗碎，淋上檸檬汁。
2. 芹菜切丁，加入甜椒、奶油起司混合。再加入少許鮮奶油（牛奶）調整濃度。加入略微切碎的**牛奶巧克力**稍微混合做成沾醬。
3. 橫切的貝果上塗上沾醬盛盤，以生菜和小番茄裝飾即可。

巧克力 POINT

86%可可效果巧克力含有日本人容易缺乏的食物纖維。洋蔥也富含整腸的Oligo寡糖。

美顏輔助食譜♪

洋蔥滿點！豬里肌肉

野菜果物美容顧問　篠原繪里佳監修

材料（2人份）

明治 86%可可效果巧克力 … 10g
豬里肌肉 … 90g×2片
鹽 … 1撮
胡椒 … 少量
小麥粉 … 適量
橄欖油 … 1大匙
洋蔥 … 1/2個
鴻喜菇 … 1/2盒
蘑菇 … 4個
水 … 150cc
紅酒 … 3大匙
番茄醬 … 3大匙
伍斯特醬 … 2大匙

作法

1. 洋蔥沿著纖維切、蘑菇切成約3mm大小、鴻喜菇分成小株。
2. 豬肉塗上鹽、胡椒，裹上小麥粉。平底鍋內加入橄欖油，熱油，兩面翻煎豬肉後取出。
3. 同一鍋內剩下的橄欖油熱油，將洋蔥炒至通透後，加入蘑菇、鴻喜菇續炒。
4. 等鴻喜菇軟了以後加水使沸騰，加入紅酒、番茄醬、伍斯特醬，邊攪拌邊加入弄碎的**86%可可效果巧克力**，以小火煮至巧克力融化。
5. 放回步驟②的豬肉，均勻沾上醬汁後熄火盛盤。
※可依個人喜好加上水煮蔬菜、淋上鮮奶油。

美味及營養兼具的食譜！

糖醋時蔬魚肉

野菜果物美容顧問　篠原繪里佳監修

材料（2人份）

- A
  - **明治 特濃牛奶巧克力 … 11g**
  - 黑醋 … 3大匙
  - 砂糖 … 1小匙
  - 酒 … 1大匙
  - 醬油 … 2大匙
  - 水 … 100cc
- 白肉魚（鱈魚、鮭魚等） … 2片
- 鹽 … 1撮
- 小麥粉 … 適量
- 蓮藕 … 80g
- 胡蘿蔔 … 80g
- 洋蔥 … 1/2個
- 青椒 … 2個
- 芝麻油 … 2大匙
- 太白粉水（太白粉：2小匙、水：2小匙）

作法

1. 蓮藕和胡蘿蔔去皮切成1口大小，在滾水裡煮約3～4分鐘。洋蔥切成2cm丁狀、青椒切成1口大小的滾刀塊。材料A的調味料拌勻備用。
2. 魚去骨切成厚約5mm塊狀，撒上鹽後裹上小麥粉。以芝麻油熱鍋的平底鍋煎熟後取出。
3. 將平底鍋內的油稍微擦拭，加入洋蔥炒軟後，再加入蓮藕和胡蘿蔔拌炒，加上材料A的調味料，以小火燉煮至**特濃牛奶巧克力**融化。
4. 加入青椒略煮至滾後，加入魚肉拌勻，以太白粉水煮至呈勾芡後盛盤。

巧克力 POINT

善用巧克力作為調味料，可以讓巧克力本身的營養帶入料理中。

明治巧克力的歷史

這裡將介紹在巧克力風味食譜中十分活躍的巧克力歷史！
從過去到將來，明治巧克力也將持續守護這溫柔的口感。

1926年～

● 1926年9月13日

「明治牛奶巧克力」上市

「深具威脅的明治牛奶巧克力誕生了」，
第一次將巧克力廣告刊載在報紙上。

● 1931年

「明治牛奶巧克力」外包裝設計更換為第二代

● 1936年

巧克力集百點送贈品活動

在包裝紙背面印有點數，集滿一百點可以換當時市價日幣5錢的明治巧克力或焦糖。

1940年～

● 1940年

「明治牛奶巧克力」外包裝設計更換為第三代

● 1942年

情勢緊張之故，「明治牛奶巧克力」停止生產

因為戰爭的影響，砂糖供給中斷。戰後原料也無法進口，這種情況一直延續到1951年為止。

● 1951年

「明治牛奶巧克力」重新販售

隨著原料可以再度進口，戰後初期首度國產巧克力以第三代的包裝設計重新復活。

● 1955年

「明治牛奶巧克力」外包裝設計更換為第四代

1960年～

● 1966年
「巧克力就是明治♪」廣告歌誕生

1966年發表（詞曲Izumitaku）。現仍使用於廣告中。

● 1971年
「明治牛奶巧克力」外包裝設計更換為第五代

● 1986年
「明治牛奶巧克力」復刻版包裝限定發行

正逢創業70週年，限定販售1926年時的包裝版本。

● 2000年
「明治牛奶巧克力」特別限定千禧年包裝版本發行

2000年～

● 2003年
「明治牛奶巧克力」改版

廣告詞是「美味進化」，將材料及作法調整，讓口感更豐富。

● 2006年
「明治牛奶巧克力」販售80週年

從第一代起的各種復刻包裝版本也上市了。

● 2007年
「明治牛奶巧克力 Flower」

以四個愛心組成花朵樣式的巧克力造型華麗登場。以花朵造型裝飾的外包裝。

● 2009年
「明治牛奶巧克力」外包裝設計更換為現今的第六代

隨著品牌商標變更，外包裝也更新。「明治牛奶巧克力」將38年來廣受大眾喜愛的第五代改版為第六代。

知道了
更好吃！

巧克力小知識

這裡介紹巧克力的小知識，豐富你的巧克力人生。
知道了以後，會讓你更想吃巧克力哦！

巧克力的保存方法？

請保存於28℃的涼爽場所。由於巧克力的香味會吸引蟲子，所以要放在密閉性佳的容器中保存。
※依巧克力種類不同，保存溫度也有所不同，請確認後再保存。

為什麼巧克力的表面會變白？

巧克力放在高溫處可可粉會融化，之後冷卻凝固就會呈現鋪了一層白粉的樣子（起霜化）。這時外觀看起來難看，味道也會變差，但就算吃了也不會對身體有害。為了不讓巧克力起霜，應避免日光直射，保存在乾燥的場所。

白巧克也是巧克力？

巧克力一般是由可可體（cacaomas）、可可粉、砂糖、牛奶四種主原料製成，而白巧克力因為完全沒有使用會讓巧克力變成咖啡色的可可體，所以會呈現白色。由於沒有可可體，所以白巧克力的特徵是沒有苦味，而且會有牛奶的顏色和味道。

巧克力含有什麼樣的營養素？

● 巧克力多酚 ●

多酚是植物為了保護自己而從自體產生的成分。紅酒及綠茶因富含此種物質而知名，但其實巧克力的原料可可豆比紅酒或綠茶含有更多的多酚。

● 食物纖維 ●

可可富含食物纖維。日本人常被認為食物纖維不足，若能好好利用可可或巧克力就能輕鬆補充食物纖維了。

● 可可鹼 ●

可可豆裡含有的苦味成分可可鹼，據說有讓人放鬆的作用。人家說吃巧克力能讓人心情平和，大概就是因為可可鹼和巧克力香味的緣故吧！

● 礦物質 ●

巧克力有豐富的鈣、鎂、鐵、鉛等礦物質，營養均衡。

（※白巧克力除外）

明治巧克力
產品

明治牛奶巧克力

使用嚴選的「純巧克力」。品嚐得到芳醇的可可和牛奶的味道與香味。最適合用於手工巧克力的材料。

明治 72%可可效果巧克力

明治 86%可可效果巧克力

明治 95%可可效果巧克力

考量到美麗與健康兼具的可可成分72%、86%、95%正統苦巧克力。

明治 特濃牛奶巧克力

奶味濃厚，可品嚐到高級的滑順香濃牛奶風味。

明治 黑巧克力

豪華且濃郁的可可，以及強勁的後味，是此種苦巧克力的特徵。

明治 白巧克力

用嚴選原材料讓牛奶的口感更加突出，吃起來純淨且後勁十足，是此種巧克力的特徵。

※2014年10月為止的情報。商品規格可能會有變更。
※依店鋪不同，某些種類也可能不會販售，還請諒解。

使用巧克力 INDEX

明治 牛奶巧克力

10 ● 薑燒豬肉

16 ● 青甘魚燉蘿蔔

20 ● 義大利麵

30 ● 酥炸小肉丸

34 ● 豬肉泡菜

42 ● 棒棒雞沙拉

54 ● 巧克力香蕉大福

56 ● 巧克力飲料 蔬果汁MIX

57 ● 巧克力飲料 優酪乳MIX

57 ● 巧克力飲料 奶茶MIX

60 ● 起司義式燉飯 巧克力風味

64 ● 時蔬佐 熱巧克力沾醬

70 ● 夏季的回鍋肉 苦瓜牛奶巧克力協奏曲

72 ● 元氣巧克力醬汁炒麵

79 ● 巧克力焗烤蕪菁鑲蝦肉

87 ● 巧克力蔬菜 三明治佐酪梨醬

明治 黑巧克力

26 ● 炒烏龍麵

50 ● 油豆腐菠菜味噌湯

60 ● 起司義式燉飯 巧克力風味

63 ● 炸牛蒡佐克力醬

76 ● 巧克力 紅酒燉牛肉蔬菜

86 ● 牛蒡番茄波隆那肉醬麵

明治 白巧克力

18 ● 奶油鮭魚

46 ● 蛤蜊巧達濃湯

66 ● 橄欖油拌菠菜佐 白巧克力芝麻味噌

71 ● 白巧克力飄香涼麵

74 ● 炸雞佐辛辣巧克力醬汁

82 ● 烤雞佐 白巧克力風味鮮菇白醬

84 ● 白巧克力可樂餅

明治 特濃牛奶巧克力

14 ● 芝麻鯖魚味噌

36 ● 奶香南瓜熱沙拉

44 ● 玉米濃湯

80 ● 牛奶巧克力&
義大利肉醬拌茄子

89 ● 糖醋時蔬魚肉

明治 86%可可效果巧克力

12 ● 番茄燉雞肉

24 ● 滑溜蛋包飯

40 ● 溫和野菜佐巧克力起司沾醬

48 ● 雞肉丸番茄湯

68 ● 86%可可風味
叉燒炒飯

75 ● 巧克力味噌佐時蔬

83 ● 86%可可效果
巧克力漢堡排醬

88 ● 洋蔥滿點！豬里肌肉

明治 72%可可效果巧克力

28 ● 炸醬豆腐

38 ● 巧克力芥末醬沙拉三明治

52 ● 紅豆奶油
起司可可銅鑼燒

62 ● 巧克力
風味新鮮沙拉

67 ● 翠綠沙拉佐
72%可可醬

78 ● 什錦菇奶油
培根巧克力義大利麵

明治 95%可可效果巧克力

8 ● 燉牛肉

22 ● 正統！香辣日式咖哩

30 ● 酥炸小肉丸

32 ● 月見肉餅

85 ● 煎雞肉佐牛蒡
巧克力風味醬汁
附胡蘿蔔沙拉

meiji
milk chocolate
チョコレートは明治
巧克力就是明治

meiji 就是要明治

meiji

meiji
BLACK